青少年科学探索营

未解之谜难题

张德荣 编著　丛书主编 郭艳红

侏罗纪：恐龙开始复活

汕头大学出版社

图书在版编目（CIP）数据

侏罗纪：恐龙开始复活 / 张德荣编著. -- 汕头：
汕头大学出版社，2015.3（2020.1重印）
（青少年科学探索营 / 郭艳红主编）
ISBN 978-7-5658-1652-9

Ⅰ. ①侏… Ⅱ. ①张… Ⅲ. ①恐龙—青少年读物
Ⅳ. ①Q915.864-49

中国版本图书馆CIP数据核字(2015)第025973号

侏罗纪：恐龙开始复活　　　ZHULUOJI: KONGLONG KAISHI FUHUO

编　　著：张德荣
丛书主编：郭艳红
责任编辑：胡开祥
封面设计：大华文苑
责任技编：黄东生
出版发行：汕头大学出版社
　　　　　广东省汕头市大学路243号汕头大学校园内　邮政编码：515063
电　　话：0754-82904613
印　　刷：三河市燕春印务有限公司
开　　本：700mm×1000mm 1/16
印　　张：7
字　　数：50千字
版　　次：2015年3月第1版
印　　次：2020年1月第2次印刷
定　　价：29.80元
ISBN 978-7-5658-1652-9

前言

　　科学探索是认识世界的天梯，具有巨大的前进力量。随着科学的萌芽，迎来了人类文明的曙光。随着科学技术的发展，推动了人类社会的进步。随着知识的积累，人类利用自然、改造自然的的能力越来越强，科学越来越广泛而深入地渗透到人们的工作、生产、生活和思维等方面，科学技术成为人类文明程度的主要标志，科学的光芒照耀着我们前进的方向。

　　因此，我们只有通过科学探索，在未知的及已知的领域重新发现，才能创造崭新的天地，才能不断推进人类文明向前发展，才能从必然王国走向自由王国。

　　但是，我们生存世界的奥秘，几乎是无穷无尽，从太空到地球，从宇宙到海洋，真是无奇不有，怪事迭起，奥妙无穷，神秘莫测，许许多多的难解之谜简直不可思议，使我们对自己的生命现象和生存环境捉摸不透。破解这些谜团，有助于我们人类社会向更高层次不断迈进。

　　其实，宇宙世界的丰富多彩与无限魅力就在于那许许多多的难解之谜，使我们不得不密切关注和发出疑问。我们总是不断地去认识它、探索它。虽然今天科学技术的发展日新月异，达到了很高程度，但对于那些奥秘还是难以圆满解答。尽管经过古今中外许许多多科学先驱不断奋斗，一个个奥秘被不断解开，推进了科学技术大发展，但随之又发现了许多新的奥秘，又不得不向新问题发起挑战。

宇宙世界是无限的，科学探索也是无限的，我们只有不断拓展更加广阔的生存空间，破解更多的奥秘现象，才能使之造福于我们人类，我们人类社会才能不断获得发展。

为了普及科学知识，激励广大青少年认识和探索宇宙世界的无穷奥妙，根据中外最新研究成果，编辑了这套《青少年科学探索营》，主要包括基础科学、奥秘世界、未解之谜、神奇探索、科学发现等内容，具有很强系统性、科学性、可读性和新奇性。

本套作品知识全面、内容精炼、图文并茂，形象生动，能够培养我们的科学兴趣和爱好，达到普及科学知识的目的，具有很强的可读性、启发性和知识性，是我们广大青少年读者了解科技、增长知识、开阔视野、提高素质、激发探索和启迪智慧的良好科普读物。

目　录

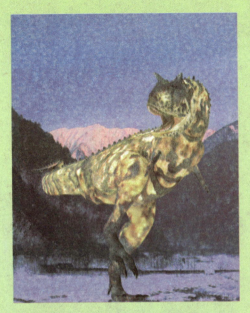

体长冠军梁龙

梁龙的头部

头部纤细小巧，脖子长约7.5米，脸部比较狭长。鼻孔显得很特别，长在头顶上。牙齿非常小，嘴前部的牙齿有些扁平，可以更好地切断枝叶，但嘴部两侧及后部无牙齿，因而它只能吃些柔嫩多汁的植物。它进食时从来不咀嚼，而是直接将食物囫囵吞下去。

梁龙的身躯

梁龙身躯全长27米，是恐龙世界中的体长冠军。由于背部骨骼较轻，使得它的身躯瘦小，只有10吨重。四肢粗壮，其前肢比

较短粗，后肢比较粗长，所以它的臀部比较高；每只脚上有5个脚趾，其中的一个脚趾长着巨大而弯曲的爪子。

尾巴长约13.4米，像一条长长的鞭子，并且能够弯曲。

梁龙的骨架

从其纤细、小巧的头部到其巨大无比的尾巴顶稍，梁龙的身体由中轴骨骼连接着，这就是我们熟知的脊椎骨。脖子比较长，大约由16块脊椎骨组成。胸部和背部相对较少，只有11块。在尾部却有大约70块尾椎骨，其尾部中段的尾椎骨能够着地，并能轻松地支撑起身体。

梁龙的生活方式

梁龙是侏罗纪晚期中的一种恐龙，统治北美洲达1000多万年。

由于梁龙要进食大量的食物，又没有用来咀嚼食物的牙齿，所以它会吞食卵石以帮助消化。

当它把某一区域的食物吃完后，就会迁徙到植物生长茂盛的地区。

长颈之谜

梁龙跟大部分的蜥脚类恐龙一样有长长的颈，那么，它的长颈有什么用途呢？

有专家认为，梁龙在湖中生活，依靠水的浮力来支撑沉重的身体，长长的颈部可以将鼻子伸出水面，以便呼吸。但由于没有足够的证据支持梁龙长时间在水中生活，所以这个理论也无法被证实。

后来，化石证据证明梁龙在陆地上生活，于是又有人认为，梁龙在陆地上生活，就必须进食长在树顶的树叶。于是梁龙的颈会抬到离地几十米高，以方便进食新鲜的树叶。

但研究结果证明，梁龙的颈部结构是绝对不容许把头抬到很高的。因为如果梁龙的颈部抬得太高，颈椎便会因为承受过大压力而断裂。

所以，梁龙的颈部一般和身体水平，但稍微上倾。长颈的用途是当梁龙低头进食低矮植物时可以不用移动身体，便可以涉食到很大范围的植物。

尾巴之谜

梁龙的特征是庞大的身躯、长颈和鞭状的尾巴。

梁龙的身体被一串相互连接的中轴骨骼支撑着，它的脖子是

由多块脊椎骨组成，而其细长的尾巴之所以能够直立甩动，也是因为这种骨骼支撑。

梁龙的尾部中段每节尾椎都有两根"人"字形骨延伸构造，学名"双梁"就由此得来。

尽管梁龙身体庞大，但它完全可以用后腿站立，用脖子和尾巴的力量将自己从地面上支撑起来，以便能用巨大的前肢进行自卫。另外，梁龙的细长尾巴还是鞭打敌害强的有力武器，当危险临近，梁龙会摆动尾巴迫使敌害后退。

延 伸 阅 读

梁龙是有史以来陆地上身型最长的动物之一，比迷惑龙、腕龙都要长，但是由于头尾很长，身体很短，因此体重并不重。梁龙的脖子由于颈骨数量少并且韧，不能像蛇颈龙一般弯曲。

小脑袋的腕龙

腕龙的头部

　　腕龙的头部有别于其他恐龙，头部非常小，显得不是那么聪明，头颅骨有着非常密的小孔，主要作用是帮助减轻头部重量。它有长长的脖子，以便能够吃到树梢处的嫩叶。

　　蜿龙的口部较长，颌部结实并且厚重，牙齿呈竹片状，有利

于咬碎植物。它的鼻子长在头顶上。恐龙化石上头顶上的丘状突起部位，就是它的鼻子。

腕龙的身躯

腕龙身躯庞大，体长24米，重达80吨，相当于5头非洲大象的体重，可以看出它的身体过于笨重。

腕龙主要依靠粗壮的四肢来支撑身体，肩膀离地大约5.9米，而头抬高时，离地面大约有12米，相当于4层楼的高度。

由于它的前腿比后腿长，使得肩部高耸，而臀部很低，看上去身体向后倾斜，这与长颈鹿很相像。

腕龙的四肢

腕龙主要靠四肢行走。前肢比较长，一个成年人的高度也只能够到它的膝盖。

后肢短粗，每只脚有5个脚趾，前脚的第一趾及后脚的前三趾，都长有锐利的爪子。

腕龙的生活方式

腕龙是一种巨大的草食性恐龙,生存于侏罗纪晚期的美国和葡萄牙地区。它们喜欢集体生活,并且经常成群结队而行。别看它们个子大,胆子却非常的小,食肉恐龙一来,它们就纷纷跑进水里躲藏起来了。

由于身体太重靠四足支撑,这样蜿龙行动十分不便,它们只好在有水的地方活动,靠水的浮力来减轻一些体重,同时也躲避食肉恐龙的袭击。平时,只有产蛋、转移到其他湖泊时才到岸上来。

据估计,腕龙一天要吃掉植物1500千克,相当于现在大象10天的食量,由此可见它的食量非常大。它在吃东西时,也从来不咀嚼,而是直接将食物整块吞下。待某一地区的食物不足时,它们就会集体迁徙寻找新的生存地。

产蛋与育子

腕龙在产蛋时从来不做窝，它喜欢一边走路一边产蛋，这样它产的蛋就形成了一条线。另外，腕龙不是一个好的母亲，恐龙蛋出幼龙后，它从来不去照看哺育。

两个脑袋之谜

腕龙是地球上出现过的体形最大、体重最重的恐龙之一。它前肢巨大，脖子酷似长颈鹿的脖子。它是当前有完整骨架的恐龙里个子最高的一个。

令人奇怪的是拥有巨大的身躯、很长的脖子的腕龙，却长着一个很小的脑袋。我们知道，头脑是指挥身体行动的"司令部"，脑量很少的话是不能协调身体运动的。为了解决这一矛盾，腕龙的中枢神经系统在腰部交大、膨胀，形成一个神经节，替大脑分管内脏和四肢的运动。也就是说，有一个巨大、强健的心脏不断将血液从腕龙的颈部输入它的小脑。

也有人认为，它也许有好几个心脏来将血液输遍它庞大的身体。这就是专家们所称的腕龙有"第二大脑"和"恐龙有两个脑袋"的来历。

偏食树叶之谜

研究表明，腕龙是草食性恐龙，它的主要食物是树叶。也许人们有个疑问，既是食草，为何又专吃树叶呢？这要从它的身体结构说起。

　　腕龙的肩膀离地就有5米多，当它的头抬起举高时，离地面大约有12米，这样就只有觅食高树梢的枝叶对它才方便。

　　但也有科学家认为它不会让脑袋抬举太久，因为那将会使血液很难输送上去，所以不排除会低头吃其他植物的可能。

延 伸 阅 读

　　腕龙的有效种分两类。第一类高胸腕龙是美国古生物学家埃尔默·里格斯在美国科罗拉多州西部发现，于1903年命名。第二类长颈巨龙是德国古生物学家沃纳·詹尼斯在德属东非林迪市附近发现，于1914年命名。

食量大的雷龙

雷龙的头部

　　雷龙头部形状与马的头部相像，并且头部比较小。脖子比较细长，大约有8米。牙齿比较少，长在颌骨的前部，呈现一个棍棒状，与铅笔头非常相似。鼻孔位于头部前方，但只有一个鼻孔。

雷龙的体形

体形比较庞大，是陆地上存在的最大动物之一，身长约25米。前肢较短，后肢较长。尾巴长约9米，在正常行走时，尾巴是不会着地的。前肢有一个大指爪，后肢的前三个脚趾都拥有锐利的趾爪。

雷龙的四肢

四肢比较粗壮，脚掌比较大，每个脚掌如同一把张开的小伞。由于身体的后半部略比前肩高，所以后肢更加强壮有力。

通常情况之下，雷龙可能会利用后肢站立，这样就能吃到高大树木的枝叶，不过也会低下头去啃食地面上的低矮植物。

雷龙的骨骼

头骨较短，从侧面看像一个三角形，并且嘴部比较低，这些特征与梁龙的头骨相似。颈部椎骨与梁龙的相比，则显得较短，只有四肢骨骼比较结实、厚重。

雷龙拇指长有锐利的爪子。尾部脊椎骨结构和梁龙尾部脊椎骨结构基本相似，被认为是比梁龙更粗壮的恐龙。

雷龙的生活方式

雷龙生存于侏罗纪末期亚洲、非洲以及美国的平原和森林中，并成群结队而行。雷龙会遭到巨龙的攻击，不过也会把巨龙当成自己的猎物。

它们是蜥脚类恐龙中生活得最为成功的一群。但在6500万年前的物种大灭绝中同其他恐龙一起消失了。

名字之谜

雷龙是1877年由古生物学家马什命名的，它的分布极其广泛，目前除南极洲以外的各大洲都有它的化石出土。最初，人们发现了一个非常大的恐龙胫骨，这令当时的研究者十分迷惑，就被命名为迷惑龙。

1883年，古生物学家发现了几个零碎的恐龙骨骼化石，当时他们看见这个恐龙的体型比较庞大，仿佛每踏下一步，就会发出一声"轰"响，好似雷鸣一般，所以就将其命名为雷龙，意思是"打雷的蜥蜴"。

然而，根据后续发现的其他化石说明，早已命名的迷惑龙与雷龙是同一种生物。所以，依据命名优先权，迷惑龙命名在先，故以"迷惑龙"称之。

食量之谜

　　雷龙生活在侏罗纪时期，最早在北美洲被发现，其体重超过25吨，食量相当于40头牛那么大。如果按一头牛一天要吃几十千克草计算，那么40头牛一天要吃的草，数量是非常惊人的。雷龙的主要食物是羊齿类和苏铁类植物。

　　头小身子大的雷龙，一定要花大量的时间来吃东西，而且还狼吞虎咽。食物从长长的食管一直滑落到胃里，在那里这些食物会被它不时吞下的鹅卵石磨碎。雷龙是恐龙中最大的种类之一，有的身长达30米以上，有5层楼那么高。它们都是吃植物的动物，一群庞大的雷龙可以在短短的几天内摧毁一片树林。不过，那时

候的主要植物生长速度非常快，体形庞大的雷龙因为有充足的食物和暖和的天气，在北美洲的大地上迅速繁衍，成为了侏罗纪末期北美洲草食性恐龙的主流物种。

延 伸 阅 读

有一种叫萨尔塔龙的恐龙，外形很像雷龙，但却与雷龙没有亲缘关系。因为雷龙是属于梁龙科；而萨尔塔龙却属于萨尔塔龙科，而且其个体较小，身长仅比一辆公共汽车长一点。

食草动物板龙

板龙的头部

头比许多原蜥脚类恐龙坚固得多，颈部细而长。它有长长的口鼻部，有许多小型、叶状和位于齿槽中的牙齿。板龙的颌部关节的位置比较低，能够给下颌肌肉提供更大的力量。

板龙的身躯

板龙身体比较庞大，体长为6米至8米，身高3.6米，体重达5吨。

它前肢比较短小，后肢比较粗长。前肢掌部有五个指头，拇

指上有能够灵活运动的大爪子，这个利爪不但能够驱赶敌害，还能抓取食物。板龙尾部非常肥厚，尾巴也十分有力，常常用来进行攻击。

板龙的四肢

古生物学家经过研究，发现板龙有5根手骨，并且每根都长短不齐。外侧的两根比较短，中间两根比较长，还有一根大拇指，能够十分灵活地向后弯曲。

在一般情况下，板龙的手指在行走时按在地上就像脚趾，如果它想抓东西，五只指爪就会弯曲，并向前紧紧地攥成一个拳头的形状。

在通常情况之下，板龙依靠四肢进行行走，不过也会直立行走。

板龙的行动

板龙是最著名的原蜥脚下目恐龙，是欧洲最常见的恐龙之一，目前在西欧有超过50个三叠纪砂岩层中发现了板龙化石。

从这些化石中可以看出，板龙的大腿骨保存得相当完好，并且这些大腿骨呈现一个特点，基本上都是直立着。由此看出，这些恐龙死亡时是直立的，而且这种直立姿势从未移动，在相当长的时间里慢慢形成化石。

板龙的生活

板龙生活于三叠纪中期，小型、叶状牙齿表明它们为草食性恐龙，主要以高大植被、针叶树和苏铁为食。板龙在后肢的支撑下可以直立起来，这样就能吃到树梢嫩叶。

有些时候，板龙以四肢爬行寻找地上的低矮植物。板龙没有咀嚼用的颊齿，需要吞食胃石以协助消化食物。

板龙的近亲

禄丰龙曾被认为属于原蜥脚类板龙科，并且是蜥脚类祖先类型。禄丰龙生存于距今约1.9亿年的早侏罗纪，它的身体比较大，显得非常笨重。

禄丰龙的头部比较小，脚上长有大的趾，趾端有锐利的爪子。前肢短小，尾巴粗壮，站立时，能够支撑身体。当它用四足行走时，能迅速而敏捷地脱离"虎口"。

板龙体型差异

板龙是已知最大的三叠纪恐龙，也是三叠纪时期最大的陆生动物，它们的体型比近蜥龙还要强壮。但研究表明，板龙体型并不相同，它们个体之间存在着非常大的体型差异。

根据板龙化石骨头上生长层显示，它们个体的成长周期变化与其所处的环境相关。

有些板龙在12岁时达到最大体型，而有的则要成长到30多岁才达到最大体型。

板龙成年标本的大小也有不同，有些成年体的身长为4米至6米，而有的则可达10米。板龙拥有很高的成长速率，这显示它们有进化的恐龙生理，但值得注意的是，恐龙的生长会严重受到所处环境影响。换一句话说，板龙的体型差异也是不同环境造就的。

板龙死亡之谜

板龙生活于欧洲一带，这一地区在三叠纪时期气候环境和沙漠相似。

人们在一些地方发现了由完整个体构成的化石群。这表明板龙是在群体行动，穿越三叠纪干旱、类似沙漠的欧洲地区寻找新

食物来源时集体死亡的。

还有一个可能是个别的板龙居住于干燥的高地上，当它们死亡时，沙漠环境中间歇性洪水将它们的遗体冲刷到沙漠低处边缘的河道末端堆积起来。

延 伸 阅 读

板龙意为"平板的爬行动物"，是生存于2.1亿年前、晚三叠纪的古老恐龙。在北美，科学家曾找到过板龙的近亲——耶鲁龙。耶鲁龙只有3米多长，嘴里也长着像板龙一样的牙齿。

不像恐龙的埃雷拉龙

埃雷拉龙的头部

头骨比较狭长并且非常平。它的下颌具有折叶状的结构，牙齿呈锯齿状，能够有力地咬住并吞下较大的肉块。

鼻孔较小，但它的听觉比较灵敏，这主要是从它耳朵里的听

小骨化石推测出来的。在那个时代，它依靠灵敏的听觉和快速的奔跑，可以捕捉小型恐龙或其他爬行动物。

埃雷拉龙的身躯

体型庞大，长约5米，重达180千克。它主要依靠两足行走。前肢比较短，并且前趾上长有锐利的爪子，能够抓握。后肢较长，健壮有力，适合奔跑。它还有一条很长的尾巴用作平衡，这条尾巴以重叠的尾椎突来硬化，这种结构非常适合高速奔跑的构造。

埃雷拉龙的生活方式

埃雷拉龙生活于三叠纪末期的南美洲，是速度相当快的两足肉食性恐龙，也是最古老的恐龙之一。最大的特点就是灵活机敏，奔走迅速。它们通常生活在地势较高的地方，也可能行走在植物茂盛的小河或湖岸边，抓捕或寻找食物。

它们具有很长的后肢，能够直立。掌部有爪，可以紧抓猎物，因此能够比竞争对手跑得更快，一般的小猎物都逃不过它们的袭击。埃雷拉龙主要以小型的草食性恐龙和其他小型爬行动物为食，有时也会以小昆虫为食。

它们会利用它弯曲而尖锐的牙齿或有力的爪子给予猎物致命的一击。在得到猎物后便迅速离开，以避免一些强大的掠食者来争抢自己的食物，而幼龙则只能以动物的腐尸为食。

埃雷拉龙的近亲

根据埃雷拉龙的骨盆化石推测，其他恐龙也具有这种结构。后来，人们还发现了十字龙、铁迪龙等恐龙，它们主要生存于三叠纪中晚期，并且都是埃雷拉龙的近亲。十字龙是最早的恐龙之一。它身长约两米，长颚上长着整齐的牙齿。这是用于捕捉猎物的，像鸟一样细长的后肢可用来追逐猎物。

埃雷拉龙骨骼的出土

在阿根廷有一位叫埃雷拉的农民，他无意中发现了一块骨骼化石，经古生物学家研究后得知，这具化石是一种恐龙的骨骼化石，为了纪念他，就以他的名字命名。直至1980年，才发现比较完整的骨骼化石，这距离第一块化石被发现已经3年了，同时出土的还有一些零碎的骨骼。

原始恐龙之谜

埃雷拉龙是在南美洲的巴西、阿根廷及北美洲等地发现的，同后来出现的兽脚类恐龙一样，埃雷拉龙的下颌具有折叶一样的结构，能够有力地咬住并吞下大的肉块。埃雷拉龙可能与同期的大型初龙类动物有血缘关系，虽然它们表现出了兽脚类恐龙的共

同特征，即两足行走和能抓握的前肢。但分析表明，它们大约生活在2.3亿年以前，是地球上最古老的恐龙之一。

真假恐龙之谜

埃雷拉龙有很多与恐龙不同的特征。如在其臀部及腿部骨头的形状上，它的骨盆与蜥臀目相似，但髋臼只是部分中空；肠骨只以两根荐椎骨支撑，是一种原始特征；耻骨向后，则是驰龙科及鸟类的衍生特征；它的耻骨的末端是呈靴形，与鸟兽脚类的很相似；椎体的形状则像异特龙的沙漏形状。埃雷拉龙的头颅骨长而且窄，并且几乎没有所有后期恐龙的特征，却与较原始的主龙类（如派克鳄）没有多大差异。另外，它的头颅骨上有五对洞孔，其中两对是眼窝及鼻孔。

在眼睛与鼻孔之间有一对眶前孔及一对长0.01米、像裂缝的洞孔，称为原上颌孔。下颌有个灵活的关节，这可以容许它的下

颌骨头前后移动，抓住猎物。这种特征在其他恐龙并不常见。埃雷拉龙的这些特征，使古生物界学者对其恐龙的身份持有怀疑态度，但其大部分身体的恐龙特征，又使人们不得不承认它就是属于恐龙类生物。

延 伸 阅 读

　　埃雷拉龙比始盗龙晚出现大约200万年。它也是两足肉食性恐龙，其最大的特点就是灵活机敏，奔走迅速，这使它在强手如林的古生代，能够毫不费力地捕猎到自己所需要的任何食物。

同类相食的腔骨龙

腔骨龙的头部

腔骨龙头部较长并且狭窄，具有大型的孔洞，可以减轻头部的重量，洞孔间的狭窄骨头能够保持结构的完整性。

头部类似于鹳鸟的头部，其嘴巴尖颌部长着锐利的牙齿，并且向后弯曲。另外，它的牙齿是标准的猎食性恐龙的牙齿，牙齿的边缘如同锯齿。它的颈部细长，呈弯曲状。

腔骨龙的身躯

腔骨龙的躯体与基本的兽脚亚目体型一致，但肩部则有一些有趣的特征，就是它们有着叉骨。

腔骨龙中等体型，长约2米至3米，臀部高于1米，重达27千克。

它的前肢较短，前肢脚掌的三个手指长有利爪，第四指似乎有些退化，比较短小。

腔骨龙的后肢脚掌也有三趾，但是后趾并不与地面接触。腔骨龙用短小的前肢攀爬、掠食，用强壮的后肢行走。

另外，腔骨龙在后肢的支撑下能够站立起来，并且能够保持身体的平衡。

腔骨龙的尾巴

腔骨龙的尾巴有不寻常的结构，在其脊椎的前关节互相交错，形成半僵直的结构，似乎可制止它的尾巴上下摆动。

腔骨龙的尾巴比较长，也非常纤细，挺直状，是善于奔跑的动物的独特特征。

当腔骨龙快速移动时，尾巴就成为了像舵一样的平衡物。

腔骨龙的骨架

腔骨龙的骨架与现代的鸟类大致相同，部分骨骼是空的，并且薄如纸，这就减轻了自身的重量。

骨骼也都愈合在了一起,所以与爬行类动物不太一样,它跑得飞快,并且停下来时身体挺直。

腔骨龙的发现

腔骨龙化石最早发现于1881年,8年后被美国古生物学家及爬虫类学家与鱼类学家的爱德华·德林克·科普命名为腔骨龙,不过这套化石的保存状况很差,很难拼凑出腔骨龙的完整外貌。

直至1947年,有人又在美国新墨西哥州的幽灵牧场,发现了一处有大量的腔骨龙尸骨的化石层。

这么多腔骨龙的化石可能是由突然的洪水所造成,洪水将它们集体冲走、掩埋。事实上,这类洪水在此段地球历史时期非常普遍。

1989年,美国古生物学家埃德温·尔伯特对所有已发现的化石进行了一次完整的研究,为后来的人们提供了很多有关腔骨龙

的资料。

幽灵牧场的大量标本，包括完整保存的标本，其中一个取代了原有的标本，成为了作为分析的模式标本。

因为幽灵牧场的发现，很多骨骼在亚利桑那州及新墨西哥州出土，在犹他州也有未确定的标本被发现。

当时发现的腔骨龙有两个形态，一个是较纤细的，另一个较强壮的。古生物学家认为这代表两性异形，就是雄性与雌性。

腔骨龙的生活方式

腔骨龙生存于三叠纪末期的北美洲，它是一种小型肉食性恐龙。腔骨龙只需要很少的水分就可以生存。它们常会进行小群体活动，很像今天的野狼。

由于骨骼是中空的，它的身体就比较轻盈，行动迅速，所以它是一个捕猎能手。

腔骨龙主要以小型、类似蜥蜴的动物为食，也可能以小群体方式集体猎食，这样就可以猎捕大型的草食性恐龙。

腔骨龙的分类

腔骨龙是属于独立的腔骨龙科,其下只有一个物种,即鲍氏腔骨龙。另外两个的物种,洛氏腔骨龙及威氏腔骨龙,由于不能被鉴定而被认为是鲍氏腔骨龙的异名。

腔骨龙科是一群原始的肉食性兽脚亚目恐龙,大部分的腔骨龙科恐龙体型比较小。

腔骨龙的繁盛期在晚三叠纪到早侏罗纪之间这一段黄金时间内。

1998年,美国著名古生物学家保罗·塞里诺利用亲缘分支分类法研究,将腔骨龙科定义为:包含鲍氏腔骨龙与三叠原美颌龙,与它们的最近共同祖先以及两者最近共同祖先的所有后代。

同类相食之谜

许多年前，一具完整的腔骨龙化石被发现，奇怪的是古生物学家研究后发现它体内竟有一具完整的骨骼。

当初，古生物学家认为这是腔骨龙幼体的胚胎，但后来发现这些骨头排列比较杂乱，并且体积也较大，认为这是腔骨龙的幼体。

那么，这些幼体为何会在腔骨龙的体内呢？古生物学家认为，可能因当时食物缺乏，出现了同类相残的场面，弱小者因不敌强者的进攻，最后被强大者吃掉。

但是，2002年的研究认为，这些标本其实是被曲解了，因为这些所谓幼年腔骨龙的标本其实是小型的镶嵌踝类主龙,如黄昏鳄,所以没有任何证据支持腔骨龙是吃同类的。

这个研究在2006年进一步得到确认。不过要有新的证据来显示胃部的生物,才可以进一步了解真相。

排泄之谜

腔骨龙又名虚形龙,是北美洲的小型肉食性恐龙,也是已知最早的恐龙之一。

古生物学家在研究腔骨龙时发现了一个有趣的现象,即腔骨龙不需要像当时其他生物那样直接排尿,那么腔骨龙身上的尿液哪里去了呢?

这与现代的鸟类和哺乳类生物有些相似,因为鸟类是以尿酸

的形式把氮物质排出来，而哺乳类通过一种称为尿素的化学物，把含氮的排泄物排出来。

由于古生物学界普遍认为鸟类是恐龙的后裔，所以，人们认为很可能恐龙在进化成鸟类之前就已经有了这种能力。而且，这样的能力显然在干燥的三叠纪时期是非常有利于恐龙生存的。

所以，古生物学家推测，生活在三叠纪时期的腔骨龙应该和鸟类一样，是以尿酸的形式排出氮物质的。

延 伸 阅 读

腔骨龙是第二个进入太空的恐龙。慈母龙在1995年先进入太空，早于腔骨龙三年；在1998年1月22日，一个来自于卡内基自然历史博物馆的腔骨龙头颅骨被置入奋进号航天飞机中，带到和平号太空站之中。

长有脸颊的大椎龙

大椎龙的头部

大椎龙头部较小，长度还不及股骨长度的一半，并且头部有许多窝孔，它不但减低了头部的重量，并且能够提供肌肉附着处，以及容纳感觉器官。

大椎龙的颈部细长，并且能够灵活运动。

它的鼻孔是椭圆形，位于头部前方。在鼻孔与眼睛之间有一个眶前孔，相对于板龙的眶前孔小了很多，而眼窝所占头部面积比例较大。

大椎龙的前上颌骨有4颗牙齿，下颌骨则有6颗牙齿，腭骨还有个较小的牙齿，它完全有能力咬碎树叶，但是咀嚼功能不强，而且还逐渐退化，不能够完全吸收营养。

大椎龙的身躯

大椎龙是一种侏罗纪早期的蜥脚类恐龙，体型中等大小，身长约6米，体重达135千克。

一只成年的大椎龙若靠两条后肢站起来的话，头部可以够到双层公共汽车的顶部。

它的四肢比较瘦长，前肢健壮有力。前肢脚掌上长有5根脚趾，拇指上长有锐利的爪子，这种爪子既可用来协助进食，又可抵御敌害。

大椎龙的第四指与第五指比较小，使前掌看起来不太对称。

大椎龙的尾巴由许多尾椎骨组成，显得细长，并且灵活自如。通常情况之下，大椎龙以四足行走，行走时头部总是高高抬起，尾巴则保持身体的平衡。

大椎龙的椎骨

大椎龙是种典型的原蜥脚类恐龙。它们的身体修长，颈部长，具有大约9节长颈椎、13节背椎、3节荐椎以及至少40节尾椎，这也是它的名字的来历。

与同为原蜥脚类的板龙相比，大椎龙的身体较为轻巧。一个近年的发现显示，大椎龙具有发育良好的锁骨，并连接成类似叉骨的型态，由此可知它们的肩胛骨固定不动，更可知这些锁骨不像那些没有真正叉骨的恐龙一样缺乏功能。这个发现也指出鸟类的叉骨是从锁骨演化而来的。

大椎龙的生活方式

大椎龙可能生活在植物茂盛的河沼地区，主要以枝叶为食。

通常它主要寻找地上的植物，偶尔也会以高大的树木嫩叶为食，这时它就会依靠健壮的后肢站立。

有人曾经在大椎龙的化石中发现胃石，古生物学家们估计可能是用来帮助消化的。

食性之谜

大椎龙属于原蜥脚下目，原蜥脚类恐龙是草食性或杂食性动物。在20世纪80年代，科学家们开始争论原蜥脚类是肉食性的可能性。

大椎龙在初发现时，被人们认为是植食性恐龙，因为它的齿冠最宽处大于齿根宽度，形成切割边缘，有利于嚼食植物的枝叶。

但随着大椎龙化石研究的不断深入，部分古生物学家认为，大椎龙除了以植物为食外，还会以小型动物或尸体补充食物，应属于杂食性恐龙。不过，大多数人还是认为大椎龙是一种植食性恐龙。

颌部之谜

大椎龙的上颌是突起的，这可能表示在下颌骨末端的嘴喙部位是皮质的，而大椎龙的下颌像板龙一样有一个鸟喙骨隆突。

这个鸟喙骨隆突比板龙的要浅平一些，但也能够控制下颌的肌肉。

大椎龙的颌部关节在上排牙齿的后方，这样牙齿很小，可以咬碎树叶，但咀嚼功能却不强。

　　此外，大椎龙上下颌都长着血管孔可以让血流通过，这表明它长有脸颊。如同所有恐龙一样，大椎龙的许多生物学层面，例如行为、外表颜色、生理机能等仍然未知，颌部面貌只是根据化石的分析而来，到底本来面目如何，还需要寻找进一步的证据。

延 伸 阅 读

　　大椎龙的近亲鼠龙是迄今发现的最小的恐龙，是一种生活在三叠纪晚期的植食性恐龙。幼龙体长只有0.2米，成年鼠龙可达至5米，体重约120千克。

长有双角的角鼻龙

角鼻龙的头部

头部比较短，并且非常厚实，由于主要由骨质支柱和薄板构成，所以头比较大，但可能并不是很重。鼻子上方生有一只短角，两眼前方也有类似短角的突起。嘴部也比较大，上下颌长着弯曲的锋利的牙齿，每块前上颌骨有4颗牙齿，每块下颌骨有10颗至14颗牙齿，每块齿骨有11颗至15颗牙齿。

角鼻龙的身躯

身躯比较大，身长约8.8米，体重约275千克至1000千克。后

肢比较粗壮，由坚实的骨骼组成。在背部的中线位置有一排小型鳞甲，主要是由皮内的骨骼形成。

骨盆结构比较特殊，体现在荐椎骨和骨盆连在了一起，这种结构与今天的鸟类结构相似。

角鼻龙的尾巴比较长，大约是身长的一半，并且尾巴的骨骼比较强健、笨重，但是却能够灵活运动，可以起到平衡身体的作用。

角鼻龙的四肢

前肢较短，但非常强壮，并且长有四指，每指上长有锐利的爪子，可以抓取食物。它的后肢较长，并且具有很大的力量。

通常情况之下，角鼻龙习惯于后肢行走，由于腿部的肌肉较多，并且又强健，所以行动起来比较迅速。

角鼻龙的生活方式

角鼻龙生存于侏罗纪晚期的北美洲草原，以及比较干燥的陆地上。大多过着集体生活，有时会集体出去猎食，这样它们就会捕猎体型较大的植食性恐龙，也会捕猎体弱的恐龙。

一项新的研究表明，角鼻龙一般喜欢在水中猎食，主要食物有鱼类和鳄鱼，当然，也不否认它有猎食大型恐龙的可能。

也有人不同意这个观点，因为在陆地的大型恐龙上常发现角鼻龙的牙齿痕迹，这类观点认为，它很有可能也以尸体为食。

角鼻龙的搏斗

角鼻龙是一种兽脚类杂食性恐龙，本性都比较凶残，与敌害或同类战斗时更是让人惊叹。当两只雄角鼻龙在争夺地位时，它们就会用头上的角顶撞对方，此时将生死置之度外。

当遇到猎物或敌害时，就会用锐利的牙齿撕咬，用锋利的爪子抓，并依靠庞大的身体，以及强健的后肢，很快就能控制住敌害。

角鼻龙的化石

角鼻龙生活在侏罗纪晚期，它是家庭成员中最大、最原始的恐龙。角鼻龙的化石在北美洲的莫里逊组、非洲的坦桑尼亚以及

美国犹他州中部的克利夫兰劳埃德采石场，科罗拉多州的干梅萨采石场等地都有发现。

角鼻龙与更为进化的对手异特龙有点类似，都是强健有力、体型较大的掠食者，属于中型肉食恐龙。它们有着一般肉食性恐龙共同的特征，例如都长有尖牙、利爪等。

角鼻龙的化石是由美国古生物学家奥塞内尔·查利斯·马什于1884年所描述并命名的。

角鼻龙的近亲

研究表明，角鼻龙的近亲很多，锐颌龙、轻巧龙以及阿贝力龙超科的食肉牛龙都是它的近亲。它们都具有大型头部、短前肢、粗壮的后肢以及长尾巴的特征。

锐颌龙是角鼻龙下目的一属恐龙，生活于下白垩纪的南美洲。锐颌龙的前上颌骨有相对较大及向前倾的牙齿，它的学名也是因这些牙齿而得来。锐颌龙拥有以下特征：前上颌骨的牙齿以

雁行方式重叠排列，而上颌骨的最长牙齿齿冠大于下颌厚度最薄处，这些特征与其他所有兽脚类恐龙不同。

轻巧龙，又名伊拉夫罗龙，意为"重量轻的蜥蜴"，是种肉食性恐龙，生存于约1.45亿年前侏罗纪晚期的坦桑尼亚。

轻巧龙是体型修长的恐龙，约6.2米长，臀部高1.46米，重约210千克。轻巧龙的胫骨长于股骨，显示它们很适合奔跑，它们可能以广阔的平原上小型的猎物为食，也可能以腐肉为食。

食肉牛龙，又名牛龙，属名在拉丁语的意思是"食肉的牛"，因为它们眼睛上方有一对类似牛的角。

食肉牛龙的化石仅发现一具，但相当完整，并具有多排的小型皮内成骨，是少数发现有皮肤痕迹的兽脚亚目恐龙。

食肉牛龙与阿贝力龙都属于阿贝力龙科，都是白垩纪末期各大陆的最凶猛的掠食动物之一。

双角之谜

角鼻龙最显著的特征是鼻端的一个尖角。这个鼻角是由隆起的鼻骨形成，是角鼻龙的幼年标志。

在1884年，美国古生物学家马什提出，角鼻龙的鼻角是一种用于攻击、防御的武器。在1920年以前，一些古生物学家都同意这个意见，如美国古生物学家查尔斯·惠特尼·吉尔摩也持如此看法。但这个理论现在多不被采纳。研究表明，鼻角似乎不能用来防卫或作战，但也无法确定它的用途。

有些古生物学家推测角鼻龙的角可能用于装饰或与其他雄性角鼻龙进行顶撞，从而赢得群体的首领地位，也可能是用来吸引异性，但是从它所处的位置上看，决不可能是用来作为防御或作战用的。

延 伸 阅 读

角鼻龙与其他恐龙不同的地方还有眼睛上方各长有一个角，这两个角与异特龙的角非常相似，是由隆起的泪骨形成。至于这个角有何作用，目前还是一个谜。

牙齿锋利的鲨齿龙

鲨齿龙的头部

头部大并且长，头骨中线长1.6米，比暴龙还要长，但是它的大脑却只有霸王龙的大脑的一半大。

鲨齿龙的牙齿比较薄，但是非常锐利，与今天的鲨鱼牙齿相似。也因此人们称它为"鲨鱼牙齿的蜥蜴"。

鲨齿龙的身躯

身躯庞大，体长仅次于南方巨兽龙和埃及棘龙，是世界上第三长的肉食恐龙，超过了马普龙和霸王龙。鲨齿龙长约11.1米至13.5米，高约4米，重达7吨。成年的鲨齿龙体重7.2吨至11.4吨。

鲨齿龙的生活方式

鲨齿龙生活在白垩纪早期，大约9800万年至9300万年前的非洲地区。鲨齿龙是一种巨大的肉食性恐龙，是目前非洲已发现的最大的恐龙，它极可能是生活在本地区的霸主。

猎食时以强壮的后肢站立，快速奔跑，依靠身体的重量和强大的冲撞力将猎物撞倒，这时用它的大嘴牢牢咬住，使猎物不能动弹，并用锐利的牙齿撕扯，很快猎物就会被它吃得只剩下骨架，由此可见它是多么的凶猛、强悍。

鲨齿龙的近亲

南方巨兽龙生存于白垩纪中期，生活在距今约1亿年至9500万年前。它身长13米，体重8吨至11吨。头部小而厚实，头上有角质的冠。

它的口中长有利齿，每颗牙长约0.09米。前肢短小，后肢健壮有力，经常以后肢行走。前肢掌部长有3根手指，每指上有锐利的爪子。尾巴尖而细长，在快速奔跑时，能起到平衡身体和快速转向的作用。

1993年，考古学家在阿根廷巴塔哥尼亚平原进行考古发掘的时候，意外地发现了一个重大的秘密，原来在远古的阿根廷曾经

存在过一种可怕的怪兽。这种可怕的怪兽是地球上有史以来第三大的两足生物，体重达到16吨。这种恐龙于1995年被命名为南方巨兽龙，意思是"南方巨大的蜥蜴"。南方巨兽龙是侏罗纪最著名掠食恐龙异特龙的后裔，不过生活年代较后的南方巨兽龙的体型却比前者大了差不多一半。

延 伸 阅 读

鲨齿龙是1931年非洲撒哈拉沙漠发现的最大的肉食恐龙之一，可是，这具化石却在第二次世界大战中被纳粹空军炸毁。1995年，美国古生物学家在撒哈拉大沙漠又找到了鲨齿龙的头骨。

大脑发达的异特龙

异特龙的头部

头颅骨非常大，由个别的骨头所组成，而骨头之间有关节连接，活动自如。例如下颚的前半部与后半部可往外弯曲，增加骨头间的空隙，因此可以吞下较大的食物。脑壳与额骨之间可能也有类似的关节。异特龙颈部比较粗壮，呈S形。

颌部向外扩张的范围比较大，这样很容易吃下一大块肉。此外，它的颌部还长着锋利的牙齿，并且都呈现锯齿状。这些牙齿

容易脱落，但也能够很快长出来。

眼睛上长有一对泪骨组成的角冠，可能具有遮挡阳光的作用。

异特龙的身躯

体型比暴龙略小一些，身长约9.7米，体重为1吨至4吨。异特龙拥有9节颈椎、14节背椎、5节支撑臀部的荐椎。异特龙也具有腹肋，但不常被发现，可能有稍微的骨化。

在生物学家已公布的一个标本中，这些腹肋被发现生前曾受过伤。它的主要的臀部骨头肠骨巨大，耻骨有个明显的尾端，可能作为肌肉附着处，以及身体躺在地面时的支撑物。异特龙的尾巴粗而长，能够灵活运动，并以此作为武器攻击敌害。

异特龙的四肢

前肢比较短小，但非常强健。前肢上长有三指，每个指上长有锐利的爪子，并且向内弯曲，非常适合抓握，有利于猎捕草食性恐龙。三根手指中，中间的那根手指是最长的。

异特龙手腕的腕骨像一个半新月形，并且指爪形态表明手指可以钩住食物。

它的后肢高大粗壮，脚掌上也长有三指，并且这三指同样具有锐利的爪子。脚掌部可以承受全身的重量，然而它的第四趾却已经退化，逐渐形成一个上爪。

异特龙的后肢粗壮有力，但不适合奔跑。

异特龙的生活方式

异特龙是侏罗纪晚期到白垩纪早期的大型肉食性恐龙，主要分布在亚洲、非洲、北美洲、大洋洲等地区。

异特龙可能是一种比较凶猛的大型掠食动物。根据化石上的异特龙齿痕推测，它可能以草食性恐龙为食；当没有捕捉到猎物时，就有可能以恐龙的尸体为食。

异特龙的分类

异特龙属于异特龙科，是一个大型兽脚亚目的演化支。异特龙科是肉食龙下目的三个科之一，其他两个分别为鲨齿龙科与中华盗龙科。

早在1988年，古生物学家葛瑞格利·保罗提出异特龙科在后期演化为暴龙科，因此成为并系群。但这个看法已遭到否定，暴龙科已经被归为另一群兽脚类支系，即虚骨龙类。

异特龙科是肉食龙下目中成员最少的一科，在大多数的近期

研究中，除了异特龙属以外，只有食蜥王龙以及一个发现于法国的未命名异特龙超科恐龙被认为是有效属。

异特龙的化石

异特龙又称跃龙或异龙，是兽脚亚目肉食龙下目恐龙的一属。异特龙名字的意思是集猛禽与鳄鱼的特殊性于一身。

1877年，在美国科罗拉州发现了异特龙化石；古生物学家在美国犹他州一个恐龙挖掘场又发现了60具化石，这些都是年龄不等，大小不同的异特龙。

其中，1991年发现的"大艾尔"标本，是最著名的异特龙化石之一。大艾尔是个比较完整的天然状态标本，由卡比·希伯所率领的瑞士团队发现于怀俄明州的比格霍恩县。后来，发现大艾尔的瑞士团队在同一地点又发现了另一异特龙化石，并取名为"大艾尔2号"。

智商之谜

通过研究恐龙骨骼化石发现，许多身体庞大的恐龙，它们并不是非常聪明。例如，马门溪龙的体重约40吨至50吨，可是它的大脑却只有500千克重。最具代表性的是剑龙，它

的体型比现在的大象还要大，可它的脑子却只有核桃般大小。然而，异特龙的身躯不仅庞大，而且它的大脑也比较发达。

据专家判断，异特龙可能是侏罗纪时期智商最高的大型肉食恐龙，这为它们的群居生活提供了有利条件。

延 伸 阅 读

异特龙属于异特龙科，异特龙科是一个大型兽脚亚目的演化支。在兽脚亚目中，常被认为是异特龙近亲的物种，包含印度龙、皮亚尼兹基龙、皮尔逊龙以及四川龙等。

长有利爪的恐爪龙

恐爪龙的头部

头颅骨比较大，眶前孔也非常大，眼睛长在头颅骨的两侧。令人不解的是，它的口鼻部却较狭窄，而颧骨又较宽，使头部整体看起来呈立体状，并且坚固结实。恐爪龙的上下颌比较强壮，牙齿呈刀刃形，大约有50多颗。上腭部呈拱形。

恐爪龙的身躯

体型中等，身长3.4米，臀部高0.87米，体重可达50千克。它的全身都附有利器，杀伤力非常强。尾巴有长骨突和肌腱连接着，使尾巴显得硬挺，并且能够灵活运动，能使身体保持平衡，更能够提供快速转弯能力。

恐爪龙的四肢

恐爪龙的前肢较长，后肢比较粗壮有力，可能以后肢行走。前肢上长有三指，并且每指上都长有向内弯曲的利爪，能够灵活运动，比较适合抓握食物。后肢长有四趾，第三根和第四根趾头着地，能够支撑全身的重量。

恐爪龙的生活方式

恐爪龙生存于白垩纪早期的北美洲地区，主要生活在沼泽以及河湖边生长茂盛的树林里。它被认为是最不寻常的掠食者，那非常尖锐的爪子足以表明它是一种凶残的肉食性恐龙。相对于大型肉食恐龙而言，它的体重比较轻，所以它们会以自己的"恐怖之爪"集体猎杀动物，并且共同分享食物。

在美国的蒙大拿州的耶鲁采石场，曾发现过四个恐爪龙的成年个体与一个幼年个体，以及众多的牙齿。

由于在同一位点发现大量恐爪龙的骨骼，并且在腱龙的附近发现恐爪龙的牙齿，所以生物学家估计恐爪龙是猎食腱龙的，更以此推断恐爪龙是成群生活及猎食的。

恐爪龙集体猎食的第二个证据是位于俄克拉荷马州的鹿角组的采石场。该地发现六个腱龙的部分骨骼，体型不一，附近另有

一个恐龙的部分骨骸与众多牙
齿。一个腱龙的肱骨上有齿
痕,据考证是恐爪龙所留下。

恐爪龙的化石

1931年,由美国古生物
学家巴纳姆·布朗所带领的队
伍在蒙大拿州南部发现了恐爪
龙的第一副化石。

此外,马里兰州大西洋
沿岸平原地带的波多马克组也发现了一些可能属于恐爪龙的牙
齿。巴纳姆·布朗当时主要是想发掘并处理剑龙的遗骸,但在他
交给美国自然历史博物馆的报告中,指出发现了一小型的肉食性
恐龙,发现位置接近剑龙化石,但因陷在石灰岩而难以做清洁处
理。他没有完成最后的甄别工作。

直至30年后,美国古生物学家约翰·奥斯特伦姆率领一个耶
鲁大学自然史博物馆的挖掘团队,又发现了超过1000个骨头,
才完成恐爪龙标本制作。虽然只限于完整的左足部和部分的右足
部,但却可以确定这些遗骨是属于同一个恐爪龙。

恐怖之爪之谜

恐爪龙的"恐怖之爪"长在它后肢掌上的第二趾上,长约
0.12米,就像一把镰刀一样,能够自由活动,恐爪龙以此为猎食
工具。它的这个利爪连接韧带可以调整角度,使它在进行攻击
时,能将趾头以最大的弧度向下或向前戳向猎物,从而割破猎物
肚子。而恐爪龙在行走或奔跑过程中,它的镰刀爪就会收缩起

来，这样就可以避免爪子因不断摩擦地面而受到伤害。恐爪龙有自己的捕食技巧，它会跳跃起来攻击猎物，用前肢抓住猎物，其中一只脚着地，以平衡身体；另一只脚则举起镰刀般的爪子踢向猎物，在猎物身上留下血口进而食之内脏，而它的尾巴在它扑向猎物时，会通过左右摇摆来平衡身体的剧烈活动。

延 伸 阅 读

恐爪龙的近亲迅掠龙是一种小型的肉食恐龙。由于它的行动非常敏捷，脑容量又大，再加上它的前后肢均长有非常尖锐的爪子，因此，是一种非常具有危险性的和杀伤力的恐龙。

像巨鲸的鲸龙

鲸龙的头部

生物学家还没有找到完整的鲸龙骨化石，只是发现了零星的牙齿和骨头。根据这些来推断，鲸龙的头部可能非常小，牙齿比较锋利，能够像耙子一样，用来够到植物的叶子，咬断树枝，但不具有咀嚼功能。另外，鲸龙颈部不是非常的灵活，只能在很小范围内左右摇摆。

鲸龙的身躯

身躯极其庞大，长约14米至18米，重达26吨。它的颈部与身体一样长，尾巴相对较长，包含有最少40节脊骨。四肢粗壮有力，能够支撑全身的重量，大腿骨长约两米。奇怪的是，以前的蜥脚类恐龙前肢比较短，后肢长，而鲸龙的前后肢都一样长，使得它的背部基本上保持水平状态。

鲸龙的脊骨基本上是实心的，相对于后期的蜥脚类恐龙显得结实厚重。鲸龙的神经脊和椎关节不太强健，也不太长，但脊骨上有许多的小洞，如同海绵，能够减轻自身的重量，与现在的鲸鱼类似。

鲸龙的脊骨在其中枢椎体中还存在一些没有用处的部分，神经棘和椎骨关节没有腕龙的长。这些都是原始恐龙的特征。随着蜥脚类恐龙的演化，它们的脊椎骨开始有了空腔，这样可以减轻它们自身的重量。

鲸龙的生活方式

鲸龙生活在侏罗纪中晚期，距今约181万年至169万年前的欧洲英国及非洲摩洛哥，是蜥脚下目恐龙。

它的生活范围有限，主要在中生代的浅海区域。由于颈部不太灵活，鲸龙只能在很小的范围内左右摇摆，所以鲸龙只能以蕨类和小型树木的嫩叶为食，在口渴的情况下，不能啃食多汁的树叶，唯一解渴的方法是低头喝水。

鲸龙的体重

鲸龙是在1841年被欧洲古生物学欧文命名的蜥脚类恐龙。但经过研究却发现，鲸龙是陆栖动物，体重相当于四五头成年亚洲象，它的身体重量大多分布在四肢和脊骨处。

鲸龙的近亲

展示在四川省自贡市自贡恐龙博物馆中的蜀龙是鲸龙的近亲。蜀龙是一种独特的蜥脚下目恐龙，生存于约1.7亿年前的中侏罗纪时期。

蜀龙身长10米，高3.5米，脊椎构造简单，有12节颈椎、13节背椎、4节荐椎、43节尾椎，有些尾椎的形状为"人"字形，类似较晚期的梁龙。蜀龙的肩胛骨与鸟喙骨愈合。

蜀龙的前肢稍长，后肢粗壮有力。在通常情况下，它以四肢行走，由于身体庞大，行动起来不那么容易。蜀龙的尾部在演化中逐渐形成了圆锥状的结构，能更好地防御敌害。

鲸龙的发现

鲸龙化石遗骸是在英格兰及摩纳哥被发现的。1841年,在英国怀特岛郡发现的有一节脊骨、一节肋骨和一节前臂骨。当时,由于还没有恐龙这个名称,英国动物学家、古生物学家理查德·欧文就以零星发现的牙齿和骨头为其命名。1842年,他正式为这一类生物命名为恐龙。

真假鲸龙之谜

19世纪上半叶,理查德·欧文发现了一种恐龙,他认为它是海中的巨大鳄鱼。后来,有学者比较了鲸龙的化石,认为是鲸龙,因为它确实与鲸龙非常相似。这种恐龙生活于侏罗纪中期至晚期的英格兰,距今约170万年前。它的体长约有15米,是四足行走的草食性恐龙,颈长头小,较其他蜥脚下目原始及尾巴较短。

1840年末及1868年,更多的肢骨和另一个接近完整的骨骼

分别被发现。随着研究的深入，专家否认了这种恐龙是鲸龙的看法。1972年，一位名叫许纳的美国古生物学家将其命名为似鲸龙，即"像鲸龙的恐龙"。

延 伸 阅 读

　　鲸龙的近亲有我国四川省自贡市的蜀龙、南美洲的巴塔哥尼亚龙及巨脚龙。它们一起组成了鲸龙科，后来部分物种演化成了梁龙科、腕龙科、泰坦巨龙类等其他蜥脚类恐龙。

牙齿能再生的圆顶龙

圆顶龙的头部

头部比较大，并且厚实，脖子比较短。头骨开孔大。鼻子比较扁平，一双大眼睛在头部后方，在它深陷的眼眶前部，长着两只巨大的鼻孔，耸在头顶上，这说明它的嗅觉非常灵敏，这也有助于躲避危险。

眼眶后部还有一个大洞，以用来容纳颌部肌肉的活动。圆顶龙的嘴部短钝，嘴里的牙齿排列得较细密。

圆顶龙的身躯

体型庞大，身长18米，体重达20吨。四肢比较粗壮，能够支撑全身的重量，方便吃到树顶端的叶子。前肢较短，后肢较长，掌部长有五指，其中一指长有利爪，并且向内弯曲，能够给敌害以重创。圆顶龙的腿像树干那样粗壮，可以稳稳地支撑起它全身巨大的体重。脖子和尾巴都比较短，看起来也相对敦实。

圆顶龙的骨架

圆顶龙代表了蜥脚类的一个演化支系。它已是一种较为进步的蜥脚类，体型比较大，而且在骨骼上已演化出协调巨大的体重的结构。它有着拱形的头颅骨，其名字也因此而来。它的头颅骨比较短，但又非常高。鼻骨较钝，可能有洞孔。颌部骨头厚实而强健。

圆顶龙的脊骨

脊椎骨是空心的,这样的脊椎骨可以减轻身体的重量,便于行动。它的颈椎有12节,颈部和肋骨的相互重叠,使颈部能够挺直。背部的椎骨也有12节,而荐椎只有5节,并且与髋骨连接起来。尾椎达53节,与其他蜥脚类恐龙相比,它的尾巴较短。

尾椎的特点是具有分叉骨骼,这些分叉骨骼又被称为"人字骨",它们保护着位于中枢下方的血管,每根骨骼的上下为肌肉提供了附着的地方。圆顶龙的脊髓在臀部附近扩大的这种结构,曾被古生物学家认为是圆顶龙的第二个脑部,是用来调节其庞大的身体动作的。但经过深入研究表明,圆顶龙虽然在这个位置上有很多的神经，但却不是脑部，因为这个扩大了的地方比起它头颅骨内的脑部要大得多。

圆顶龙的生活方式

圆顶龙是北美地区最著名的恐龙之一，生活于侏罗纪晚期的平原上，距今约有155万年至145万年。 圆顶龙通常以集体生活为主，它们没有做窝的习惯，并习惯于一边走路一边产蛋，种种迹象表明，它并不照看自己的孩子。

圆顶龙的食物

圆顶龙是草食性恐龙，主要以蕨类植物的叶子和松树的针叶

为食。吃东西时，从不咀嚼，而是将叶子囫囵吞下去，它的消化系统比较强大，还会吞下小石子来帮助消化。当某地的食物不足时，它们就会集体迁徙去寻找新的食物。

圆顶龙的化石

　　1925年，首个完整的圆顶龙骨骼化石由查尔斯·怀特尼·吉尔摩尔发现。但这是圆顶龙幼龙的骨骼。后来，圆顶龙数个完整的骨骼相继在美国科罗拉多州、新墨西哥州、犹他州及怀俄明州被发现。其中一具长6米的小个体完好无损，身形就如同一匹健壮的小马。从化石上看出，幼体与成体相比较，幼体的头骨较大，脖子比较短，眼眶比较突出，多数骨骼的接合处还没有愈合。这也是鉴定其为幼龙的主要依据。

牙齿生长之谜

　　圆顶龙生活在广阔平原上，以植物为食，它的牙齿长0.19米，

形状像凿子，整齐地分布在颌部上，排列比较密。它的牙齿不怕磨损，因为磨损后不久便会长出新的牙齿。它的牙齿的强度显示，圆顶龙可能比拥有细长牙齿的梁龙科更适合吞食较为粗糙的植物；这个发现也表明，两种动物如果居住在同一环境，不会竞争相同的食物，但幼年圆顶龙可能以嫩叶为食。

由于颈部不灵活，它们可能以高度不超过肩膀的植物为食。就像鸡一样，它有胃石来帮助碾碎胃部的食物，待食物平滑后再进行反刍。从圆顶龙的生活习性看，它的再生牙齿主要用于咬食植物，而食物的细加工则交给胃部去处理。

延 伸 阅 读

圆顶龙是蜥脚类恐龙，分布于侏罗纪晚期的美国的犹他州、怀俄明州、科罗拉多州以及墨西哥等地，它的名字来源于其拱形头颅骨。圆顶龙的头颅骨短而高，呈显著的方形。

长羽毛的尾羽龙

尾羽龙的头部

尾羽龙的头颅骨较短,并且呈方形。口鼻部很像角质的喙,颌部比较厚实,上颌前端的牙齿比较少,这些牙齿长且锋利无比。

尾羽龙的身躯

尾羽龙是白垩纪早期的兽脚类肉食性恐龙,主要分布在我国。它的特殊外形很像鸟类,与现在的火鸡很像。尾羽龙体长0.8

米，它的前肢非常小，略比其他兽脚类恐龙短些。前肢掌上长有三指，每指上都有锐利的爪子，并且前肢上还长有羽毛，可能是用来协助抓取食物。它的后肢强健有力，适合奔跑，后肢掌上长有三指，指端也有尖爪，还有一个退化的指，已经没有多大用处了。

尾羽龙通常以两足行走，胃部有一些小石子，主要用于帮助消化食物。尾羽龙长有短尾巴，末端坚挺，尾椎数量少。另外，在短尾巴末端，还长有一丛羽毛。这是它与其他恐龙区别最大的地方，也是有人把它归为鸟类的主要依据。

尾羽龙的生活方式

尾羽龙长着又短又高的头，满嘴除了最前端发育有几颗形态

奇特的向前方伸展的牙齿外，几乎看不见其他牙齿。尾羽龙的前肢非常小，尾巴也很短，不过脖子却很长。

尾羽龙的进化

有学者认为，尾羽龙化石是一种从能飞行的祖先演化而来的不能飞行的鸟类的化石。这种观点认为尾羽龙的羽毛是进化来的。其他科学家则认为，尾羽龙与其他手盗龙类都是无法飞行的鸟类，而鸟类其实是从非恐龙的主龙类演化而来。

古生物学家艾伦·费多契亚反对鸟类与兽脚类恐龙之间有演化关系，他认为尾羽龙是种无法飞行的鸟类，而且跟恐龙没有接近亲缘关系。有人还将尾羽龙的身体比例与无法飞行的鸟类、兽脚亚目比较，指出尾羽龙的脚与不能飞却适于行走的新鸟亚纲很相似，例如鸵鸟，因而做出尾羽龙是鸟类的结论。 但进入新的世纪，有人提出了一个亲缘分支分类法研究，又作出了不同的结论。

　　他们根据偷蛋龙科的恐龙大部分类似鸟类特征的特点，而将偷蛋龙科置于鸟纲，使尾羽龙既是偷蛋龙科，也是鸟类。

　　这个研究认为，鸟类是从更为原始的兽脚类恐龙演化而来，而其中一支系已变得无法飞行，重新演化出原始的特征，成为偷蛋龙科。这个假设很有说服性，已被某些古生物学家所接受。

尾羽龙的近亲

　　分类上属于美颌龙科的中华龙鸟、镰刀龙超科的北票龙和驰龙科的中国鸟龙，都发育有类似鸟类绒羽的细丝状皮肤衍生物。1996年8月，辽宁省一位农民捐献了一块化石标本，科学家们经过

研究，确认这是最早的原始鸟类化石，由于在我国发现，被命名为"中华龙鸟"。

中华龙鸟全身覆盖着羽毛，它可能是鸟类起源和演化的祖先之一，中华龙鸟口中长有锋利的牙齿，以小型爬行动物为食，表明它是一种肉食性恐龙。

羽毛之谜

尾羽龙似乎全身都被羽毛覆盖着，可是这些羽毛长短不一。在它的前肢和尾部主要长着长羽毛，而在躯干部位则长着短的羽毛。这些羽毛的最初功能并非飞行，而是保暖或者吸引异性。

尾羽龙羽毛向我们表明，羽毛不能再作为鉴定鸟类的主要特征。以后若再发现长羽毛的动物化石，必须经观察研究后再下结

论，因为恐龙也可能会长有羽毛。

因为尾羽龙明显地具有正羽，类似现代鸟类，而且数个亲缘分支分类法一致将尾羽龙归类于偷蛋龙科，所以尾羽龙在刚发现时，成为鸟类演化自恐龙最明确的证据。

延 伸 阅 读

目前，古生物界对尾羽龙是否为恐龙尚有争议。美国古生物学家艾伦·费多契亚认为，鸟类与兽脚类恐龙之间没有演化关系，尾羽龙是一种无法飞行的鸟类，而且跟恐龙没有亲缘关系。

长背帆的棘龙

棘龙的头部

　　头颅比较长，约有1.75米长，并且呈扁形，它的颅骨的构造类似重爪龙。口鼻部长满椎状的牙齿，口鼻有些弯曲，口中的牙齿相对较少，上面也没有锯齿，由此可以看出，它可能有猎食鱼类的习性，甚至可以猎食其他恐龙。棘龙的眼睛前方有一个小型突起物。

棘龙的身躯

棘龙主要分布在非洲的埃及、摩洛哥、突尼斯等地区。棘龙是中等体型，属于凶残的肉食性恐龙。体长约12米至15米，重4吨。身体比较奇特，与暴龙非常相似，可是它的名气没有暴龙大。棘龙的前肢比较短，后肢比较长。通常情况下以两足行走，尾巴则保持身体的平衡。

棘龙的生活方式

棘龙又叫棘背龙，其拉丁文的意思为"有棘的蜥蜴"，属于兽脚亚目恐龙。它们生活在非洲地区的海岸与潮坪环境，与类似的大型掠食者（如巴哈利亚龙、鲨齿龙）为邻。棘背龙有个大脑袋，它是只聪明的恐龙。

几乎和暴龙一样巨大的棘龙是非洲特有的恐龙，虽然不如暴龙有名气，但从其体格和满口利牙来看，棘龙是一种和暴龙一样可怕的肉食动物，其外观的最大特征在于背部有一片类似用来调节体温的帆状背板。棘龙是当前已知最大型的肉食性恐龙，大于暴龙、鲨齿龙、南方巨兽龙。主要食物是鱼类和其他比它弱小的恐龙。撒哈拉最大的鲨齿龙和帝王肌鳄的猎物如果被棘龙发现，并处在棘龙可以接触的地带，极有可能就会成为棘龙的免费午餐，而撒哈拉的两大巨龙则束手无策。

棘龙的近亲

1996年，古生物学家在巴西北部发现了激龙化石，这是目前为止保存最好的头骨化石，经研究发现它是和棘龙血缘关系很近的恐龙。激龙头骨窄并且长，具有矢状头冠，口鼻部扁而长，上颌部有些弯曲。颌部的牙齿直而长，呈圆锥状，其中一颗向内弯曲，这些牙齿上面都覆盖有较薄的牙釉质，能够方便啃咬食物。

激龙是兽脚亚目棘龙科下的一属恐龙，生存于约1.1亿年前的

下白垩纪时期。激龙是一种双足大型肉食性恐龙，身长估计约有8米，背部高度为3米。激龙的颌部与牙齿形态类似鳄鱼，头顶则有个形状独特的头冠。

棘龙的化石

1912年，棘龙的第一个化石在埃及的拜哈里耶绿洲被发现，并由德国古生物学家恩斯特·斯特莫在1915年命名。

古生物学家在拜哈里耶绿洲还发现了其他的化石碎片，包含脊椎与后肢，这些化石由恩斯特·斯特莫在1934年归类为"棘龙科"。斯特莫认为这些后来发现的化石有一定的差异，因而归类于另外一个种，而这些差异后来也被证实了，它们可能与鲨齿龙有关，或是与斯基玛萨龙有关联。目前埃及棘龙和摩洛哥棘龙已被命名为棘龙属。摩洛哥棘龙是由戴尔·罗素所叙述，是根据颈椎长度而将它们分类为一个新种。但有些研究人员认为摩洛哥棘龙的颈椎长度只是个体间的变化，所以认为摩洛哥棘龙是埃及棘龙的异名。

背帆之谜

棘龙身体里最为奇特的地方，是它背上竖起的帆状物，这些帆状物由神经棘组成，并且从背部脊椎骨延伸至臀部。它们都比较长，大约是脊椎骨长度的7倍至11倍。不过，帆状物的前后长度却相同。棘龙的帆状物拥有大量的血管，可以使用帆状物表面来吸收热量。由于它们可能生存于早期撒哈拉沙漠的边缘，这种说法有一定的依据。

学者认为，早上棘背龙用帆状物吸收太阳的热度，使身体里的血液更快暖和，身体血液温度升高以便身体灵活度增加，使其趁其他恐龙身体血液温度还没升高之前就攻击它们。

不过，也有人认为，这些帆状物也有可能用来释放多余的

体温，而非收集热量。据推测，有些大型恐龙的背帆所拥有的表面积比较小，释放的热量温度较高，而吸收的热量温度较低。另外，如果这些帆状物不直接对着太阳，而是直接对着寒风，能够帮助恐龙降低体温。

延 伸 阅 读

　　棘龙还有一个近亲激龙。激龙生存于下白垩纪的巴西，约1.1亿年前，是一种双足、大型的肉食性恐龙，身长估计约有8米，背部高度为3米。激龙的颚部与牙齿形态与棘龙相似。

身材巨大的暴龙

暴龙的头部

头部狭长、庞大，最新数据表明它的头部有1.37米长，而且两颊肌肉发达，颅骨上有大型洞孔，这些洞孔既可减轻头部的重量，又为头部的肌肉提供了附着点。暴龙的听觉很特殊，能收集到特定方向的声音，它耳朵的外观与其他恐龙相差不大，但其内部结构却不一样。

暴龙的颈部短粗，但可以灵活运动。令人奇怪的是其口鼻部狭窄，不过，它的眼睛朝向前面，双眼的视觉重叠区比较大，可以看到立体的影像，具有很好的立体视觉。

暴龙的牙齿

暴龙口中长有大约60颗利齿，并且上颌宽下颌窄，这样咬合的时候更加有力，可以咬断猎物的骨骼。

暴龙的牙齿巨大，就像刀子一样锋利，牙齿有些向后弯，它咬上对方，就像是用锋利的刀子割肉那样轻松。它的牙齿是它作为杀手的有力武器，猎物一旦被它咬住，即使有着坚韧骨质甲胄的大型恐龙也承受不住。

暴龙的身躯

身躯比较庞大，体长达13米，重6吨至7吨。但前肢短小，每只手只有两个手指，指端有锋利的爪子。研究发现，暴龙可能用嘴捕猎，由于前肢用的非常少，所以逐渐退化成短小的手指。暴龙的后腿粗而有力，每只脚有三个脚趾。每个手指和每个脚趾都带

有爪子。暴龙的尾巴又细又硬，可以用来平衡身体。

出土的化石显示，暴龙的长度没有马普龙、南方巨兽龙和撒哈拉鲨齿龙长，但是它们的体重超过了除棘背龙外所有的肉食恐龙，有些恐龙成年以后也许还能接近棘背龙的体重。

暴龙的生活方式

暴龙生存于白垩纪末期，距今约6850万年至6550万年。主要分布在北美的美国、加拿大等地区。暴龙是两足肉食性恐龙，拥有大型头颅骨，并可用长而重的尾巴来保持身体的平衡。

科学家以牙齿推断，暴龙可能是一种肉食性恐龙，主要捕食鸭嘴龙类与角龙类恐龙。后来，科学家又认为它可能以死尸为食。

还有科学家指出，当时供暴龙食用的肉食不足，通常以吃植物为食。由于缺少有力的证据，到现在科学家还没有统一认识。

暴龙的主要成员

暴龙成员中最有名的就是霸王龙。它是最大型、最强悍的暴龙类恐龙，身长12米，主要分布在北美西部。霸王龙生活于6500万年前的晚白垩纪最末期，是地球上有史以来最大的陆生肉食动物，也是最后的恐龙之一。

在暴龙这个大家族中，霸王龙是成员中的佼佼者。由于体形巨大，霸王龙连走路都会发出沉闷的响声，这足以表明它的重量级别。

霸王龙走路时，头部往前伸，似乎随时准备向猎物发起进攻。与此同时，它的背部和尾部则呈水平状态，以保持身体的平衡。

在暴龙成员中，特暴龙也是比较有名的一个。特暴龙是在亚洲发现的最大的肉食恐龙，它与霸王龙十分相近，但身体要略瘦一些。特暴龙是十分强悍的肉食动物，

它虽然不是当时体型最大的恐龙，但与它同时代、同地区的恐龙都要惧它三分。

特暴龙像其他的暴龙科恐龙一样，嗅觉十分灵敏，这对于它发现猎物或已死去的恐龙有极大的帮助。

有些科学家认为，暴龙科恐龙均以腐食为主。但有的科学家经过进一步研究认为，霸王龙具有很强的猎食能力，它们的食物主要是角龙类和鸭嘴龙类，因为这两类恐龙不能快速奔跑，只能成为霸王龙的美食。

　　研究表明，霸王龙就像是一台骨骼破碎机，其硕大的颚骨赋予了它惊人的咬力。根据科学家按照力学模型的推测，一只6吨重的霸王龙，其一颗牙齿的随意咬合力就可以达到1万牛顿，若是它上下牙夹击产生的咬合力则最大可超过10万牛顿。

　　试想，普通动物和当时的恐龙有多么坚固的肉体才能够承受得起如此巨大的咬合力呢！

暴龙的出土

　　暴龙最早的发现者是美国古生物学家巴纳姆·布朗。

　　1902年，巴纳姆·布朗当时还是美国国家历史博物馆的工作人员，他在蒙大拿州的黑尔溪发现了一具巨型的肉食性动物骨骼。此后的两年，他相继从坚硬的砂岩中挖掘出了完整的骨架。

骨架出土后，由于骨头很沉重，他只好制造了一种专用雪橇，这才把骨头运到附近的公路。这些骸骨后来被他拼装成了世界上第一具暴龙的标本。

求偶之谜

暴龙是一种大型的肉食动物，平时过着流浪的独居生活。但是，雄暴龙到了一定的年龄，也要求偶繁衍。研究证实，雄暴龙是用食物来追求雌暴龙的。

在暴龙的求偶过程中，这些当做礼物的食物，是很重要的。因为当雌暴龙将要筑巢孵蛋的情形之下，需要吃得很饱，这样才更有利于产卵。

所以，雄暴龙在求偶之前，都会捕捉大量猎物，并把这些猎物献给雌暴龙，以获得雌暴龙的欢心。

据在蒙大拿州洛基山博物馆的葛瑞格·艾里克森博士研究，雄暴龙供应的食物全是三角龙的尸体。

三角龙是当时常见的植食性恐龙，艾里克森博士发现，在有些三角龙的髋骨上，有大量的暴龙齿痕。

因为雌暴龙的体型比雄暴龙大，所以雄暴龙就必须寻找更多的食物来喂饱雌暴龙，不然它就会被雌暴龙吃掉。

延 伸 阅 读

暴龙的属名在古希腊文中意为"暴君蜥蜴"，种小名在拉丁文中意为国王。有些科学家认为亚洲的勇士特暴龙是暴龙属的第一个有效种，而其他科学家则认为特暴龙是独立的属。

以肉为食的食肉牛龙

食肉牛龙的身体

与其他体型相似的兽脚类恐龙相比，食肉牛龙的头较小，长60厘米，但非常厚实。颈部细长，结构类似现代鸟类，可以做出更快、更准确的动作。眼睛向着前方，可能有着双眼视觉及深度知觉。眼睛上方长有一

对短而厚的角。口鼻部大并且厚，可能具有大的嗅觉器官。

食肉牛龙的头颅骨高而粗壮，下颌扁而修长。有一口锋利的牙齿，长度接近4厘米，牙齿长而细。颧骨宽、短、高，角从额骨的后背侧延伸出来，是食肉牛龙的独有特征。体长约7米，臀部高3米，重达1.5吨。前肢比较短小，长有四指，其第四指由掌骨构成。它的后肢长而强壮，尾巴细长，能起到平衡身体的作用。

食肉牛龙的生活环境

食肉牛龙生存于白垩纪晚期，主要分布在南美州等地区。它们以猎杀鸟脚类恐龙为食。由于长着强壮的后肢，奔跑迅速，所以很容易捕获到猎物。当捕获猎物时，尾巴就会伸直，以保持身体平衡。

尖角之谜

食肉牛龙头上有两只短角，其形状像翼，这是其最显著的特征。事实上，它头上尖角的硬度不是很强，并不能作为攻击的武器。古生物学家根据食肉牛龙化石推测，这对角可能是作为它们求偶的工具，也有可能适合用在水平方向的碰撞，而这些碰撞来自于因争夺领域或首领权而发生的物种内的打斗行为。

延 伸 阅 读

阿贝力龙是食肉牛龙的近亲。阿贝力龙生存于白垩纪时期的南美洲，颈部比较短，鼻子呈钩状。鼻端及眼上有粗糙的隆起部分，可能是用来支撑角质形成的冠。

生有独角的尖角龙

尖角龙的头部

　　头部比较大，上方长有两根小眉角。脸部高并且宽，鼻部洞孔向后延伸，鼻端有一大型尖硬的鼻角向上弯曲。额角不太明显，主要由头盾及短鳞骨覆盖。头盾比较长，上面有许多孔洞，边缘有许多小型尖角。

尖角龙的颈部

颈部和肩部承受着来自头部和头盾的巨大压力，因此，颈椎只有紧锁在一起，才能具有很强的承受力。因此它的头部不能够灵活运动，即使动一下都非常吃力。

尖角龙的身躯

尖角龙是一种中型恐龙，身长约6米，体重27吨。它的四肢可以支撑全身的重量。

尖角龙的四肢粗壮，如同柱子。在通常情况下，它是四足行走。前肢比较短，后肢稍长，掌部的肌肉结实，非常适合行走。

尖角龙的尾部粗短，斜向下方，能够保持身体平衡，但尾巴并非与地面保持水平。

尖角龙的食物

尖角龙是植食性恐龙，生活方式与现在的牛和羊类似，整天趴食和咀嚼食物。会用角质的喙来咬断植物，将其送到嘴里，再用牙齿嚼烂、磨碎，最后把这些食物送进胃中。

尖角龙的生活环境

尖角龙生存于白垩纪晚期，距今7500万年前，主要分布在北美的加拿大地区。通常生活在河流、湖泊植物生长茂盛的地区。

尖角龙有着强大的颌部，咀嚼能力很强，能够咬断植物的枝，并通过胃石帮助消化。这和植食性恐龙的特征是相同的。

尖角龙的分类

尖角龙属于角龙科的尖角龙亚科，这也是尖角龙亚科的名称来源。尖角龙亚科是群大型角龙类恐龙，分布于北美洲，具有突出的鼻角、不明显的额角、短头盾与短鳞骨、高长的脸部、以及往后方延伸的鼻部洞孔。

它的近亲有戟龙及独角龙。由于尖角龙、独角龙相当类似，有古生物学家提出尖角龙、独角龙其实是同种动物。

尖角龙亚科演化支的其他物种有厚鼻龙、爱氏角龙、野牛龙、亚伯达角龙、河神龙，可能还有短角龙，但短角龙是疑名。因为尖角龙亚科的不同种或不同个体的差异性，所以一直存在争论哪些属、种是有效的，尤其是尖角龙与独角龙是否有效属，还

是相同物种的不同性别。

在1996年，彼得·达德森发现尖角龙、戟龙、独角龙之间有足够的差异性可成立独立的属，而戟龙与尖角龙的关系较亲近，但离独角龙关系较远。

达德森认为独角龙中的角鼻独角龙可能是雌性戟龙。他的论点只有部分人采纳，其他研究人员并不接受角鼻独角龙是雌性戟龙的观点，或独角龙为有效属。

较早的角龙类恐龙原角龙被假设具有两性异形，但没有证据显示角龙科恐龙为两性异形。

头盾之谜

角龙类恐龙的大型鼻角与头盾，是恐龙之中最特殊的面部特征之一。古生物界自从发现有角龙类恐龙之后，就对这类恐龙的角与头盾功能进行了长久的研究，当然也引发了长久的争论。

此后大多数科学家的意见认为：这种头盾是它们抵抗掠食动物的武器、物种内打斗的工具或视觉上的辨识物。

最近的一个研究探讨了三角龙的颅骨损伤，提出这些损伤应该是物种内打斗行为留下的，由抵抗掠食动物造成的可能性较小。

而且，尖角龙的头盾太薄，也无法有效抵抗掠食动物。由尖角龙的颅骨较少损伤的情况分析，其头盾与角充当视觉辨识功能的可能性也较大。

此外，尖角龙头盾上有一些开口，能够减轻头部的重量，并

可使头部对颈部的压力降至最小。

研究者认为，头盾还有可能是地位的象征，当然也有可能是用来吸引异性的重要标志。

研究表明，7600万年前，加拿大西部亚伯达省希尔达地区的一场超大暴风雨，使栖息在当地的1000只左右"尖角龙"死亡殆尽。科学家在当地发现化石层面积2.3平方公里，挖掘出数千片"尖角龙"骸骨。

头上无角的原角龙

原角龙的头部

　　头部比较大，头上长着褶边一样的装饰，雄性的比雌性的大些。脑袋中等大小，所以非常聪明。

　　头颅骨具有四对洞孔。最前方的洞孔是鼻孔，可能比较小。

有大型眼眶，直径约0.05米。眼睛后方是个稍小的洞孔，下颚孔。嘴部肌肉强壮，咬合力非常强大。嘴部两侧有多列牙齿，适合咀嚼坚硬的植物。

原角龙的身躯

原角龙体长1.5米至2米，肩膀高0.6米，体重达180千克。身躯肥胖，四肢粗短，很像一只绵羊。前肢比较短，后肢略长，四肢上都长有五指，指端有锐利的爪子。它是从两脚步行的鸟臀类进化而来的，以四肢行走，行动缓慢。

原角龙的生活环境

原角龙生存于白垩纪晚期，约8350万年至7060万年前，主要分布在我国内蒙古地区。

原角龙以生命力强、耐干旱的植物为食，生活在比较干旱、环境恶劣的地区。它们喜欢集体生活。有时为了地位之争，雄性之间就会以头盾相撞，胜利者也就成了首领。

无角之谜

原角龙科是一群早期角龙类，头上没有角，只是在鼻骨上有个小小的突起。既然没有角，那为什么又会有一个"角龙"的名字呢？

原来，原角龙属于原角龙科，原角龙科是一群早期角龙类。

它们不像晚期的角龙类恐龙那样都长有角，原角龙缺乏发展良好的角状物，但拥有一些原始特征，加上原角龙在希腊文中意为"第一个有角的脸"，因而就起名为"原角龙"。

延 伸 阅 读

　　1922年，一个由美国人组成的寻找人类祖先的挖掘队在戈壁沙漠中发现了原角龙的第一个标本。古生物学家认为，北美洲的角龙是就是由生活在亚洲的原角龙进化而来的。